Guida alla Coltivazione del Crisantemo

Impara cosa fare bene per coltivare incantevoli Crisantemi

A. Duller

Lisa Shardon

Guida alla Coltivazione del Crisantemi

Introduzione

Il crisantemo, noto anche come "fiore d'oro" (dal greco *chrysos*, "oro", e *anthemon*, "fiore"), è una delle piante più antiche e affascinanti coltivate dall'uomo. Appartenente alla famiglia delle *Asteraceae*, questo fiore racchiude una straordinaria varietà di forme e colori, rendendolo un simbolo di bellezza, eleganza e vitalità in diverse culture. I crisantemi hanno una lunga storia di coltivazione in Cina e Giappone, paesi in cui vengono venerati non solo per la loro bellezza, ma anche per le loro proprietà terapeutiche e simboliche. Questo fiore, che in Europa viene spesso associato al ricordo dei defunti, ha in altre parti del mondo significati molto più ampi, diventando un simbolo di vita, felicità e prosperità.

Storia e Origine

Le origini del crisantemo risalgono a oltre 3.000 anni fa in Cina, dove veniva coltivato per scopi ornamentali e medici. Le prime menzioni di questa pianta si trovano in antichi testi cinesi, risalenti al periodo dei Zhou (circa 1046-256 a.C.), in cui il crisantemo veniva celebrato per la sua capacità di allontanare il male e favorire la longevità. I cinesi attribuivano a questo fiore una forte connessione con la forza interiore, e per molti secoli è stato considerato simbolo di purezza e resistenza.

Dal VI secolo, il crisantemo arrivò anche in Giappone, dove divenne immediatamente popolare. L'imperatore giapponese adottò questo fiore come simbolo della sua dinastia, tanto che ancora oggi è considerato il fiore nazionale e viene associato alla casa imperiale. Il crisantemo appare persino sull'ordine più alto del Giappone, l'Ordine del Crisantemo, conferito a figure di alto prestigio. Durante il periodo Edo (1603-1868), la coltivazione del crisantemo in Giappone si diffuse e prosperò, con i giardinieri che selezionavano e sviluppavano nuove varietà e forme.

In Europa, i crisantemi furono introdotti nel XVIII secolo grazie al botanico svedese Karl Peter Thunberg, che portò delle piante dal Giappone ai giardini botanici europei. Qui il crisantemo divenne simbolo di lutto e veniva utilizzato prevalentemente per commemorare i defunti, a causa della sua fioritura autunnale, che coincide con il periodo delle commemorazioni dei defunti in molte culture occidentali. Nonostante questa associazione, il crisantemo è anche molto apprezzato per la sua bellezza e la sua capacità di adattarsi a condizioni climatiche diverse.

Varietà di Crisantemi

Esistono numerose varietà di crisantemi, che si differenziano per forma, colore e dimensioni. I crisantemi sono suddivisi in due grandi categorie principali: *Chrysanthemum indicum* e *Chrysanthemum morifolium*. Le varietà si distinguono ulteriormente in base alla forma dei fiori, alla dimensione della pianta e alla tipologia di coltivazione. Le principali tipologie di crisantemi includono:

1. **Pompon** - Questa varietà produce fiori rotondi e piccoli, caratterizzati da petali compatti che formano una sfera. I crisantemi Pompon sono spesso utilizzati per composizioni floreali grazie alla loro forma armoniosa.

2. **Anemone** - Questo tipo di crisantemo presenta un centro prominente, circondato da petali più corti e spesso di colore diverso. Il contrasto di colori e forme rende i crisantemi Anemone molto popolari nei giardini.

3. **Singoli e Semidoppi** - I crisantemi singoli sono simili alle margherite, con un singolo strato di petali e un centro giallo ben definito. I semidoppi presentano più file di petali, ma senza un centro completamente coperto.

4. **Ragno** - I crisantemi ragno sono una

delle varietà più decorative, caratterizzati da petali sottili e lunghi che si estendono verso l'esterno, ricordando le zampe di un ragno. Sono spesso usati in bouquet e composizioni floreali per il loro aspetto unico.

5. **A cucchiaio** - Questa varietà ha petali che si curvano verso l'alto formando una sorta di cucchiaio alla loro estremità, dando alla pianta un aspetto molto originale.

6. **Decorativi** - I crisantemi decorativi hanno petali densi e sovrapposti, che creano una forma piena e voluminosa. Questi fiori sono apprezzati per le loro dimensioni e vengono spesso utilizzati nei giardini come piante ornamentali.

Simbologia e Utilizzi

Il crisantemo ha un significato profondo in molte culture. In Cina e Giappone, è simbolo di longevità, felicità e buona salute. In Giappone, il crisantemo rappresenta anche la perfezione e la pazienza, virtù legate alla cultura tradizionale. Nelle pratiche orientali, il crisantemo viene spesso utilizzato anche per scopi medicinali: i suoi petali possono essere essiccati per preparare tisane che si ritiene abbiano effetti benefici su fegato e vista.

In Europa e in altre culture occidentali, il crisantemo è spesso associato al lutto e alla commemorazione dei defunti. Tuttavia, è anche utilizzato nelle composizioni floreali grazie alla sua varietà di colori e forme, che lo rendono adatto sia a decorazioni domestiche che a eventi ufficiali.

Capitolo 1: Preparazione del Suolo

Il suolo rappresenta uno degli elementi fondamentali per la coltivazione dei crisantemi, poiché influisce notevolmente sulla salute della pianta, sulla fioritura e sulla sua durata. Un suolo ben preparato assicura una crescita vigorosa e una fioritura abbondante.

Tipi di Terreno Ideale

Il crisantemo predilige terreni leggeri, ben drenati e ricchi di sostanza organica. L'ideale è un suolo leggermente acido o neutro, con un pH compreso tra 6,0 e 7,0. Il drenaggio è un elemento fondamentale, in quanto il crisantemo non tollera l'acqua stagnante, che può causare marciumi radicali e favorire l'insorgenza di malattie fungine.

Un terreno sabbioso o argilloso, arricchito con

sostanza organica, rappresenta una buona scelta per garantire alle piante un ambiente di crescita ottimale. È importante evitare terreni troppo compatti, che impediscono il drenaggio dell'acqua e limitano la crescita delle radici. In caso di terreni eccessivamente pesanti, è possibile migliorare la struttura aggiungendo sabbia o torba.

Tecniche di Arricchimento del Suolo

Per garantire al crisantemo il giusto apporto di nutrienti, è essenziale arricchire il suolo prima della piantumazione. Tra le tecniche più efficaci di arricchimento del terreno troviamo:

1. **Aggiunta di Compost o Letame Maturo** - Incorporare compost o letame ben decomposto nel suolo circa due settimane prima della piantumazione. Questo contribuisce ad arricchire il terreno di sostanza

organica, favorendo la ritenzione idrica e il rilascio graduale di nutrienti essenziali.

2. **Concimazione Organica** - L'uso di concimi organici, come farine di ossa o di sangue, rappresenta un'opzione sostenibile e naturale per migliorare la fertilità del suolo. Questi materiali contengono fosforo e azoto, che favoriscono una crescita sana e una fioritura rigogliosa.

3. **Concimazione Minerale** - L'aggiunta di fertilizzanti minerali a lento rilascio può essere utile per fornire al crisantemo i nutrienti di cui ha bisogno durante l'intero ciclo di crescita. Una buona soluzione è utilizzare un fertilizzante bilanciato, ricco di azoto, fosforo e potassio.

4. **Incorporazione della Torba** - La torba è un materiale organico che migliora la struttura del terreno, aumentando la capacità del suolo di trattenere acqua e nutrienti. È particolarmente utile in terreni sabbiosi e ben

drenati.

pH e Fertilità del Suolo

Il pH del suolo è un fattore essenziale per la crescita dei crisantemi, in quanto influisce sull'assorbimento dei nutrienti. Come accennato, i crisantemi preferiscono un pH leggermente acido o neutro (tra 6,0 e 7,0). Se il terreno è troppo acido, è possibile correggerlo aggiungendo calce agricola, che rialza il pH e rende il suolo più ospitale per la coltivazione dei crisantemi. Al contrario, se il

pH del suolo è troppo alto, è possibile aggiungere sostanze come lo zolfo per abbassarlo.

Inoltre, la fertilità del suolo è cruciale: un suolo ricco di nutrienti favorisce la crescita delle radici e la produzione di fiori rigogliosi.

Capitolo 2 - Scelte di Coltivazione

Il successo nella coltivazione dei crisantemi dipende dalle decisioni prese in fase iniziale, come la scelta tra l'utilizzo di sementi o piantine già sviluppate, il periodo ideale per la semina e la modalità di coltivazione. Ogni scelta comporta delle particolarità e influisce sulla gestione della pianta, sulla fioritura e sull'impatto estetico che si desidera ottenere. Coltivare crisantemi può essere un'attività gratificante, che richiede cura e attenzione soprattutto nella fase di avvio, poiché un buon inizio garantisce piante sane e fioriture abbondanti.

Sementi vs Piantine

La scelta di partire da sementi o da piantine già avviate è determinante per diversi aspetti della coltivazione. Ogni opzione ha i suoi vantaggi e svantaggi, legati principalmente al tempo, alle risorse necessarie e alla competenza del coltivatore.

Sementi

Partire dai semi offre una maggiore varietà e un controllo completo sull'intero ciclo di crescita della pianta. Le sementi di crisantemo sono solitamente disponibili in una vasta gamma di varietà, il che permette di ottenere fioriture diversificate e adattabili a specifici contesti decorativi. Tuttavia, la coltivazione da seme richiede pazienza e una maggiore attenzione ai dettagli. Tra i vantaggi e gli svantaggi troviamo:

Vantaggi

- **Ampia varietà di scelta**: i semi permettono di sperimentare con diverse varietà di crisantemo, consentendo di ottenere fiori dalle forme e dai colori unici.

- **Economia**: generalmente, l'acquisto di sementi è meno costoso rispetto all'acquisto di piantine già sviluppate.

- **Controllo del ciclo vitale**: partire dal seme offre la possibilità di seguire tutte le fasi di sviluppo, dal germoglio alla fioritura, e di gestire eventuali problemi fin dall'inizio.

Svantaggi

- **Tempo e pazienza**: la germinazione dei semi e il successivo sviluppo delle piantine richiedono tempo. I crisantemi coltivati da seme possono impiegare dai 6 ai 12 mesi prima di produrre fiori, in base alla varietà e alle condizioni ambientali.

- **Cura intensa nella fase iniziale**: le piantine di crisantemo sono molto delicate nelle prime fasi di vita e richiedono una cura accurata per garantire la sopravvivenza e una crescita sana.

Piantine

Le piantine già sviluppate, spesso chiamate "starter plants", rappresentano una scelta più semplice e pratica per molti coltivatori.

Queste sono giovani piante già avviate e pronte per il trapianto, il che significa che hanno superato la fase delicata di germinazione e radicazione. Questo metodo è particolarmente indicato per coloro che desiderano risultati rapidi e prevedibili.

Vantaggi

- **Rapidi risultati**: le piantine, essendo già radicate, richiedono meno tempo per stabilizzarsi e iniziare a produrre fiori.

- **Meno rischi nella fase iniziale**: le piantine sono già abbastanza robuste e tollerano meglio il trapianto e le condizioni ambientali non ideali rispetto ai semi.

- **Cura più semplice**: avendo già superato le fasi iniziali di crescita, le piantine richiedono meno attenzioni specifiche e sono meno sensibili alle variazioni di temperatura e umidità.

Svantaggi

- **Costo**: le piantine sono generalmente

più costose rispetto ai semi, dato che richiedono un maggiore investimento in fase di acquisto.

- **Limitata scelta varietale**: le piantine disponibili in commercio appartengono a varietà comuni, quindi chi desidera una collezione di fiori più diversificata potrebbe trovare limitazioni.

Periodo di Semina Ideale

Il crisantemo, a differenza di altre piante ornamentali, ha un periodo di semina ben definito che deve essere rispettato per garantire una crescita ottimale e una fioritura rigogliosa. Questo periodo varia leggermente in base al clima della zona di coltivazione e alla tipologia di crisantemo scelto, ma in generale, i mesi più indicati per la semina o per la messa a dimora delle piantine vanno dalla fine dell'inverno all'inizio della primavera.

Semina in Ambienti Interni

Per chi decide di partire dai semi, è consigliabile seminare in un ambiente protetto, come all'interno di una serra o di un'apposita stanza riscaldata. I semi possono essere seminati tra febbraio e marzo, per favorire una precoce germinazione. I principali vantaggi della semina anticipata sono:

- **Germinazione precoce**: una semina anticipata garantisce alle piantine un lungo periodo di crescita prima dell'estate.

- **Controllo delle temperature**: seminare in ambienti interni consente di mantenere temperature stabili, ideali per la germinazione (intorno ai 15-18 °C).

Trapianto all'Aperto

Le piantine coltivate in ambiente protetto possono essere trapiantate all'aperto a partire da aprile-maggio, quando il rischio di gelate è passato. Questo permette alle giovani piante di acclimatarsi gradualmente alle temperature esterne.

Periodo Ideale per le Piantine

Se si opta per l'acquisto di piantine già sviluppate, queste possono essere trapiantate in pieno campo all'inizio della primavera, ovvero tra aprile e maggio, a seconda del clima locale. Trapiantare le piantine in questo periodo garantisce loro il tempo necessario per stabilizzarsi e sviluppare il sistema radicale prima dell'arrivo del caldo estivo.

Modalità di Coltivazione

La coltivazione dei crisantemi può avvenire in diversi modi, adattandosi alle specifiche esigenze e alle condizioni climatiche della zona. I tre principali metodi di coltivazione sono in vaso, in piena terra e in serra. Ciascuna di queste modalità offre particolari vantaggi e richiede cure diverse.

Coltivazione in Vaso

La coltivazione in vaso è una delle opzioni più flessibili e consente di coltivare crisantemi anche in ambienti limitati come balconi, terrazzi o piccoli cortili. I crisantemi si adattano bene alla coltivazione in vaso, purché vengano rispettati alcuni requisiti essenziali per la loro crescita.

Vantaggi della coltivazione in vaso

- **Flessibilità**: i vasi possono essere facilmente spostati per trovare l'esposizione solare ideale e per evitare i venti forti, dannosi per i crisantemi.

- **Controllo del drenaggio**: i vasi permettono di garantire un drenaggio ottimale, prevenendo ristagni d'acqua che potrebbero danneggiare le radici.

- **Possibilità di riparare la pianta**: i crisantemi in vaso possono essere facilmente portati in casa o in un luogo riparato durante l'inverno.

Requisiti per la coltivazione in vaso

- **Dimensione del vaso**: per i crisantemi, si consiglia di utilizzare vasi con una profondità di almeno 20-30 cm, sufficienti per permettere lo sviluppo delle radici.

- **Substrato**: è necessario utilizzare un terriccio di buona qualità, preferibilmente arricchito con compost, per garantire alla pianta i nutrienti necessari.

- **Concimazione regolare**: i crisantemi in vaso esauriscono rapidamente i nutrienti disponibili, quindi è necessario aggiungere fertilizzanti liquidi a base di fosforo e potassio ogni due settimane durante il periodo di crescita.

Coltivazione in Giardino

La coltivazione in piena terra è ideale per chi dispone di ampi spazi e desidera creare aiuole fiorite di crisantemi, garantendo una crescita più naturale e robusta.

Vantaggi della coltivazione in giardino

- **Crescita vigorosa**: le piante coltivate in giardino tendono a sviluppare un sistema radicale più ampio e robusto.

- **Fioriture abbondanti**: grazie alla disponibilità di spazio, luce e risorse naturali, i crisantemi coltivati in giardino spesso producono fioriture più abbondanti rispetto a quelli in vaso.

- **Versatilità estetica**: i crisantemi in giardino possono essere combinati con altre piante, creando armoniosi giochi di colore e di forme.

Cure per la coltivazione in giardino

- **Spaziatura adeguata**: è consigliabile mantenere una distanza di circa 30-40 cm tra le piante, per favorire una buona circolazione d'aria e prevenire malattie fungine.

- **Esposizione solare**: i crisantemi richiedono almeno 6 ore di luce solare al giorno per garantire una fioritura abbondante.

- **Pacciamatura**: applicare uno strato di pacciame intorno alla base della pianta ai

uta a mantenere l'umidità nel terreno e a prevenire la crescita di erbacce.

Coltivazione in Serre

La coltivazione in serra offre un controllo maggiore sull'ambiente, rendendola particolarmente adatta nelle regioni con inverni rigidi o estati eccessivamente calde. La serra permette di prolungare il periodo di crescita e di ottenere fioriture di qualità superiore.

Vantaggi della coltivazione in serra

- **Controllo del clima**: in serra è possibile mantenere una temperatura e un'umidità ottimali durante tutto l'anno.

- **Protezione dalle intemperie**: la serra protegge i crisantemi dai danni causati da piogge forti, venti e gelate.

- **Estensione della stagione di crescita**: grazie alle condizioni controllate, i crisantemi coltivati in serra possono fiorire in periodi dell'anno in cui normalmente non sarebbe possibile.

Accorgimenti per la coltivazione in serra

- **Ventilazione**: una buona circolazione dell'aria è essenziale per prevenire l'umidità eccessiva e la formazione di muffe.

- **Illuminazione**: nei mesi invernali potrebbe essere necessario integrare l'illuminazione naturale con luci artificiali.

- **Controllo dell'umidità**: è importante mantenere un livello di umidità tra il 50% e il 60% per evitare lo sviluppo di malattie fungine.

La scelta della modalità di coltivazione dipende in gran parte dalle risorse a disposizione, dal clima locale e dallo scopo decorativo. Ciascuna modalità presenta aspetti unici che, se gestiti correttamente, permetteranno ai crisantemi di svilupparsi in tutto il loro splendore, regalando fioriture prolungate e spettacolari.

Capitolo 3 - Scelte di Coltivazione del Crisantemo

La coltivazione dei crisantemi offre diverse opzioni che permettono ai coltivatori di adattare la crescita di queste piante alle specifiche esigenze e condizioni.
Comprendere le scelte tra sementi e piantine, individuare il periodo di semina più adatto e selezionare la modalità di coltivazione ideale (in vaso, in giardino o in serra) sono aspetti fondamentali per ottenere una fioritura di successo e per garantire alle piante la massima salute.

Sementi vs Piantine

La prima scelta importante che si presenta al coltivatore di crisantemi è se partire dai semi o da piantine già sviluppate. Ciascuna delle due opzioni ha vantaggi specifici, che vanno dalla possibilità di scegliere varietà particolari alla facilità e rapidità di crescita.

Coltivazione da Seme

Coltivare crisantemi dai semi richiede pazienza e attenzione, ma offre numerosi vantaggi, tra cui la possibilità di scegliere tra un'ampia gamma di varietà. I semi di crisantemo, infatti, consentono di sperimentare con diverse forme e colori dei fiori e sono spesso più economici rispetto alle piantine. Questa opzione è consigliata a chi ha un po' di esperienza e tempo a disposizione, poiché il ciclo completo di crescita del crisantemo da seme a fioritura può durare dai 6 ai 12 mesi, a seconda della varietà.

Vantaggi della coltivazione da seme:

1. **Varietà e personalizzazione**: i semi consentono di sperimentare varietà rare e specifiche, fornendo l'opportunità di ottenere fioriture personalizzate.

2. **Controllo dell'intero ciclo di crescita**: partire dai semi consente di seguire ogni fase, dalla germinazione fino alla fioritura, intervenendo se necessario.

3. **Costo inferiore**: l'acquisto di sementi è generalmente più economico rispetto all'acquisto di piantine, un vantaggio soprattutto per chi desidera coltivare molte piante.

Svantaggi della coltivazione da seme:

1. **Tempo di crescita lungo**: coltivare dai semi richiede pazienza, poiché può passare anche un anno prima di vedere i fiori.

2. **Maggiore cura iniziale**: la germinazione e il primo sviluppo delle piantine richiedono attenzione e cure particolari, essendo una fase delicata.

Coltivazione da Piantine

La coltivazione da piantine già sviluppate è una scelta preferita da molti coltivatori, specialmente da chi non ha esperienza o desidera ottenere una fioritura rapida. Le piantine vengono acquistate già radicate e possono essere trapiantate direttamente nel luogo definitivo, che sia un vaso, una aiuola o una serra.

Vantaggi della coltivazione da piantine:

1. **Tempi di crescita più brevi**: le piantine impiegano meno tempo per svilupparsi e fiorire, consentendo di ottenere risultati più rapidi.

2. **Minore cura iniziale**: le piantine sono già abbastanza resistenti e, una volta trapiantate, richiedono meno cure rispetto alle piantine ottenute da seme.

3. **Facilità di trapianto**: essendo già formate, le piantine richiedono solo un breve periodo di adattamento per radicarsi nel terreno.

Svantaggi della coltivazione da piantine:

1. **Costo più elevato**: le piantine sono generalmente più costose dei semi, poiché richiedono cure e tempo per essere prodotte dai vivai.

2. **Minor numero di varietà disponibili**: le

piantine in commercio spesso appartengono a varietà comuni, limitando le possibilità di sperimentazione e personalizzazione.

Periodo di Semina Ideale

La corretta scelta del periodo di semina è determinante per il successo della coltivazione del crisantemo. Un tempismo sbagliato può rallentare la crescita della pianta e compromettere la fioritura. In generale, il crisantemo viene seminato o trapiantato in primavera, ma la tempistica varia leggermente a seconda del clima della zona e del tipo di coltivazione scelta.

Semina in Ambienti Protetti

Per chi sceglie di coltivare i crisantemi da seme, è consigliabile iniziare il processo di semina in un ambiente protetto, come una serra o una stanza riscaldata. Questo approccio consente di seminare già alla fine dell'inverno, tra febbraio e marzo, favorendo una germinazione precoce e una crescita anticipata. È possibile preparare i semi in semenzai con un terriccio specifico per la semina, mantenendo la temperatura intorno ai 15-18°C.

Dopo circa 6-8 settimane dalla germinazione, quando le piantine hanno sviluppato alcune foglie, possono essere trapiantate all'aperto o in vaso, sempre attendendo che il clima sia stabile e senza rischio di gelate. Questo metodo è particolarmente adatto per le zone a clima temperato, dove la semina anticipata offre un vantaggio in termini di sviluppo e fioritura.

Trapianto all'Aperto delle Piantine

Per le piantine acquistate, il periodo ideale per il trapianto all'aperto coincide con l'inizio della primavera, tra aprile e maggio, quando le temperature cominciano a stabilizzarsi.

Questo consente alle piantine di acclimatarsi e sviluppare un robusto sistema radicale prima dell'arrivo delle alte temperature estive.

Modalità di Coltivazione

La scelta tra coltivare crisantemi in vaso, in giardino o in serra è influenzata dalle risorse disponibili, dalle preferenze estetiche e dalle condizioni climatiche. Ogni metodo ha caratteristiche specifiche che si adattano a particolari esigenze di spazio e temperatura.

Coltivazione in Vaso

Coltivare crisantemi in vaso è una soluzione pratica e versatile, particolarmente adatta a chi ha spazi limitati, come balconi o terrazzi. La coltivazione in vaso consente di spostare facilmente le piante per adattarle alle diverse esposizioni solari e per proteggerle durante l'inverno.

Vantaggi della coltivazione in vaso:

1. **Flessibilità**: è possibile spostare i vasi in base alle esigenze, garantendo alle piante l'esposizione ottimale alla luce solare.

2. **Controllo del drenaggio**: i vasi garantiscono un buon drenaggio, prevenendo ristagni d'acqua e favorendo la salute delle radici.

3. **Protezione dal gelo**: durante l'inverno, i vasi possono essere portati in casa o in ambienti più caldi per proteggere i crisantemi dal freddo.

Cure specifiche per la coltivazione in vaso:

- **Dimensione del vaso**: i crisantemi richiedono vasi con una profondità minima di 20-30 cm per favorire lo sviluppo delle radici.

- **Sostanza organica**: un buon terriccio per crisantemi deve essere arricchito con sostanza organica, come compost, per garantire nutrimento.

- **Concimazione regolare**: durante il

periodo di crescita è consigliabile concimare i crisantemi ogni due settimane con un fertilizzante liquido bilanciato.

Coltivazione in Giardino

La coltivazione in piena terra è ideale per chi dispone di spazi ampi e desidera creare aiuole colorate. Coltivare crisantemi in giardino permette di ottenere piante vigorose e fioriture abbondanti grazie alla disponibilità di spazio, luce e risorse.

Vantaggi della coltivazione in giardino:

1. **Crescita naturale e rigogliosa**: le piante in giardino tendono a svilupparsi più rapidamente e a produrre fioriture più abbondanti.

2. **Risparmio idrico**: il terreno del giardino trattiene meglio l'umidità rispetto ai vasi, riducendo la frequenza delle annaffiature.

3. **Composizioni decorative**: i crisantemi

possono essere abbinati ad altre piante per creare composizioni decorative e giochi di colore.

Cure specifiche per la coltivazione in giardino:

- **Spaziatura**: mantenere una distanza di 30-40 cm tra le piante per favorire la circolazione dell'aria e prevenire malattie.

- **Pacciamatura**: uno strato di pacciame aiuta a trattenere l'umidità nel terreno e a prevenire la crescita di erbacce.

- **Concimazione stagionale**: aggiungere concime a base di fosforo e potassio a inizio primavera per stimolare la fioritura.

Coltivazione in Serre

La coltivazione in serra è particolarmente indicata nelle regioni con climi rigidi o estremi. La serra offre un controllo preciso dell'ambiente, rendendola ideale per ottenere fioriture continue e per proteggere le piante dagli sbalzi di temperatura.

**V

antaggi della coltivazione in serra:**

1. **Clima controllato**: la serra consente di mantenere temperature e umidità stabili, favorendo la crescita dei crisantemi in ogni stagione.

2. **Protezione dalle intemperie**: le piante sono protette da vento, pioggia e freddo, migliorando la qualità delle fioriture.

3. **Estensione della stagione di crescita**: in serra i crisantemi possono fiorire anche in autunno e inverno, prolungando la stagione ornamentale.

Accorgimenti per la coltivazione in serra:

- **Ventilazione**: per evitare muffe e malattie fungine, è importante mantenere una buona circolazione dell'aria all'interno della serra.

- **Illuminazione aggiuntiva**: nei mesi

invernali può essere necessario integrare la luce naturale con illuminazione artificiale.

- **Controllo dell'umidità**: mantenere l'umidità al 50-60% per evitare problemi alle radici e alle foglie.

Le scelte di coltivazione dei crisantemi offrono una vasta gamma di possibilità, permettendo a ogni coltivatore di adattare il metodo alle proprie necessità.

Capitolo 4 - Raccolta e Conservazione del Crisantemo

La raccolta e la conservazione dei crisantemi sono fasi cruciali per sfruttare al massimo la bellezza di questi fiori e prolungarne la durata e l'utilizzo. La raccolta, se eseguita nel periodo corretto e con tecniche adeguate, consente di preservare la freschezza del fiore e di prepararlo per diverse modalità di conservazione, che vanno dalla composizione in vaso alla conservazione in forma secca per uso decorativo o terapeutico. Scopriamo nel dettaglio le tempistiche ideali, le tecniche di raccolta e i metodi più efficaci per mantenere intatta la bellezza dei crisantemi.

Tempistiche della Raccolta

La scelta del momento giusto per raccogliere i crisantemi è essenziale per garantire la massima qualità e durata dei fiori. Ogni varietà di crisantemo ha specifiche tempistiche di raccolta, determinate dal periodo di fioritura, ma ci sono anche altri fattori da considerare, come il clima e l'uso finale del fiore.

1. **Momento ideale per la raccolta**:

- I crisantemi dovrebbero essere raccolti quando i boccioli sono completamente aperti o quasi, poiché questo assicura che il fiore abbia raggiunto il massimo della sua bellezza. Se il crisantemo viene raccolto troppo presto, i petali potrebbero non aprirsi completamente, mentre una raccolta troppo tardiva può comportare la caduta dei petali o il deterioramento del fiore.

- Per la raccolta destinata all'essiccazione o per la preparazione di prodotti cosmetici o erboristici, è consigliabile attendere la piena maturità del fiore. In questo stato, i crisantemi contengono la massima concentrazione di principi attivi e di colore, migliorando sia l'aspetto estetico che le proprietà benefiche.

2. **Condizioni climatiche ottimali**:

- Il momento migliore per raccogliere i crisantemi è la mattina presto, quando il sole non è ancora troppo forte e i fiori sono freschi. Questo riduce il rischio di stress idrico, mantenendo i fiori più rigogliosi e duraturi.

- Evitare la raccolta nei giorni di pioggia o quando i fiori sono umidi per la rugiada. L'umidità residua può ridurre la durata dei fiori, favorire la formazione di muffe e complicare il processo di conservazione.

3. **Considerazioni per il clima e la stagione**:

- Nelle regioni a clima temperato, il periodo ideale per la raccolta dei crisantemi è generalmente a metà-fine autunno. Tuttavia, nelle zone con inverni rigidi o con frequenti gelate, è preferibile anticipare la raccolta per evitare danni ai fiori. Al contrario, in aree con clima mite, la fioritura può protrarsi fino a dicembre, consentendo una raccolta anche in periodi più avanzati.

Tecniche di Raccolta

La tecnica utilizzata nella raccolta dei crisantemi incide notevolmente sulla qualità finale dei fiori e sulla loro durata nel tempo. Seguire tecniche precise e delicate riduce il rischio di danneggiare il gambo e i petali, garantendo una migliore conservazione del fiore.

1. **Strumenti di raccolta**:

 - Per una raccolta ottimale, è consigliabile utilizzare forbici o cesoie da giardinaggio ben affilate. Gli strumenti dovrebbero essere puliti e disinfettati prima della raccolta, per evitare infezioni fungine o batteriche che potrebbero danneggiare i fiori.

 - Tagliare sempre con un angolo di circa 45 gradi alla base del gambo, per favorire l'assorbimento di acqua quando i fiori sono posti in un vaso o durante il processo di conservazione.

2. **Metodo di taglio**:

- Il taglio dei crisantemi dovrebbe avvenire appena sopra una foglia o un nodo laterale, permettendo alla pianta di riprendersi e stimolando la crescita di nuovi getti. Evitare tagli troppo vicini alla base della pianta, poiché ciò può compromettere la capacità della pianta di generare nuovi fiori.

- In presenza di fiori molto grandi o di varietà particolarmente fragili, è consigliabile supportare il fiore con una mano durante il taglio, riducendo così il rischio di danneggiare il gambo o di far cadere i petali.

3. **Attenzione alla manipolazione**:

- I crisantemi sono delicati, quindi devono essere maneggiati con cura. Evitare di afferrarli dalla corolla, in quanto i petali possono staccarsi facilmente. Tenere invece i fiori dalla base del gambo per mantenerli integri.

- Se la raccolta prevede un grande numero di fiori, è consigliabile disporli delicatamente in cesti o contenitori ampi, senza comprimerli, per evitare schiacciamenti.

Metodi di Conservazione

La conservazione dei crisantemi varia in base all'uso previsto. Possono essere conservati freschi, essiccati, stabilizzati o congelati per usi decorativi, terapeutici o erboristici. Di seguito, i principali metodi di conservazione, con i dettagli su come prolungare la durata e preservare la bellezza di questi fiori.

Conservazione dei Crisantemi Freschi

I crisantemi freschi sono comunemente utilizzati per decorazioni floreali in vasi, bouquet e composizioni per eventi speciali. La conservazione dei fiori freschi richiede alcune tecniche specifiche per mantenere la freschezza il più a lungo possibile.

1. **Preparazione del fiore**:

   - Dopo la raccolta, è consigliabile

immergere immediatamente i gambi in acqua per evitare la disidratazione. Rimuovere le foglie lungo la parte inferiore del gambo per prevenire marciumi quando i fiori sono immersi in un vaso.

- Tagliare i gambi di qualche millimetro ogni due giorni aiuta ad aumentare l'assorbimento d'acqua, mantenendo i fiori freschi.

2. **Utilizzo di conservanti per fiori recisi**:

- Aggiungere all'acqua del vaso una soluzione di conservante per fiori recisi può aiutare a prolungare la freschezza. In alternativa, una soluzione fatta in casa di zucchero e aceto bianco può fungere da nutrimento e agente antibatterico.

- Cambiare l'acqua ogni due giorni è essenziale per prevenire la proliferazione di batteri e garantire l'idratazione continua dei fiori.

3. **Condizioni di conservazione**:

- I crisantemi freschi si conservano meglio a una temperatura di circa 5-10°C. Evitare l'esposizione diretta alla luce solare, che può accelerare l'appassimento dei petali.

- Evitare di collocare i fiori vicino a frutta matura, poiché questa emette etilene, un gas che accelera il processo di invecchiamento dei fiori.

Essiccazione dei Crisantemi

L'essiccazione è una tecnica comune per conservare i crisantemi a lungo termine. I fiori essiccati mantengono buona parte del loro colore e possono essere utilizzati per decorazioni, pot-pourri e composizioni floreali che durano nel tempo.

1. **Metodo di essiccazione all'aria**:

- Per essiccare i crisantemi, raccogliere i fiori ben aperti e privi di umidità. Legare i fiori a piccoli mazzi e appenderli a testa in giù in un ambiente buio e asciutto, con una buona ventilazione.

- L'essiccazione all'aria richiede circa 2-3 settimane, durante le quali i fiori perdono l'umidità ma mantengono la forma e il colore.

2. **Essiccazione con gel di silice**:

- Il gel di silice è un ottimo essiccante che conserva il colore dei crisantemi. Posizionare i fiori in un contenitore con uno strato di gel di silice, coprendoli interamente con altra polvere.

- Questo metodo consente di essiccare i crisantemi in 7-10 giorni, mantenendo i colori vivaci e la struttura originale del fiore.

3. **Uso di spray fissativi**:

- Dopo l'essiccazione, è possibile applicare uno spray fissativo per preservare i fiori essiccati, evitando che diventino troppo fragili. Uno spray per capelli leggero può essere usato per rinforzare la tenuta dei petali.

Stabilizzazione dei Crisantemi

La stabilizzazione è una tecnica avanzata di conservazione che permette di preservare i crisantemi per anni mantenendoli morbidi e flessibili, come fossero appena raccolti.

1. **Processo di stabilizzazione**:

   - La stabilizzazione richiede un trattamento con una soluzione a base di glicerina e acqua, che sostituisce l'umidità naturale del fiore. Immergere i gambi in una soluzione di acqua e glicerina (1:1) per

3-5 giorni.

   - Questo processo consente al crisantemo di mantenere una consistenza morbida e naturale, ideale per composizioni che devono durare nel tempo.

2. **Vantaggi della stabilizzazione**:

- I crisantemi stabilizzati conservano il loro colore originale, la flessibilità e la morbidezza. Possono essere utilizzati per decorazioni a lunga durata, come bouquet da sposa o ornamenti per interni.

Congelamento dei Crisantemi

Il congelamento è un metodo di conservazione meno comune ma efficace per prolungare la freschezza dei crisantemi per un breve periodo. È principalmente utilizzato in contesti commerciali per preservare grandi quantità di fiori.

1. **Metodo di congelamento rapido**:

   - I crisantemi vengono trattati con un agente crioprotettivo prima di essere sottoposti a congelamento rapido. Questo processo, simile alla liofilizzazione, aiuta a mantenere intatta la struttura del fiore.

   - I fiori congelati devono essere conservati a

temperature molto basse, intorno a -18°C, per evitare la formazione di cristalli di ghiaccio che potrebbero danneggiare la struttura dei petali.

2. **Svantaggi del congelamento**:

- Il congelamento può essere costoso e richiede attrezzature specifiche. Inoltre, i fiori potrebbero perdere parte del loro colore e della loro struttura una volta scongelati, limitando le possibilità di utilizzo decorativo.

La raccolta e la conservazione dei crisantemi sono processi che richiedono cura e attenzione ai dettagli per preservare la bellezza e la freschezza di questi fiori. Ogni metodo descritto può essere scelto in base alle esigenze specifiche, consentendo di mantenere il fascino dei crisantemi per periodi più o meno lunghi.

Capitolo 5 - Utilizzi del Crisantemo

Il crisantemo è un fiore amato in tutto il mondo, non solo per la sua bellezza e versatilità decorativa, ma anche per le numerose proprietà medicinali e per le possibilità di impiego in cucina e in erboristeria. Conosciuto anche come "fiore dei morti" in alcune culture, il crisantemo porta con sé una forte simbologia, ma è apprezzato anche per le sue qualità benefiche e decorative. In questo capitolo, esploreremo gli utilizzi ornamentali e medicinali, le modalità di preparazione di infusi e ricette a base di crisantemo, i consigli per una coltivazione sostenibile e alcune risorse utili per approfondire la conoscenza di questa pianta straordinaria.

Uso Ornamentale

Il crisantemo è da secoli apprezzato per la sua capacità di abbellire ambienti interni ed esterni. È tra i fiori più utilizzati nelle composizioni floreali, nei giardini e nelle decorazioni autunnali, grazie alla sua ricca gamma di colori e varietà di forme.

1. **Composizioni floreali**:

   - I crisantemi sono ideali per composizioni floreali, sia singole che abbinate ad altre specie, e grazie alla loro lunga durata (fino a 2-3 settimane in acqua) sono perfetti per bouquet e centrotavola. Le varietà con petali più piccoli si prestano per decorazioni delicate, mentre le varietà più grandi e dai colori intensi sono adatte a composizioni più importanti.

2. **Decorazioni autunnali**:

   - I crisantemi sono tra i protagonisti della stagione autunnale, poiché la loro fioritura avviene proprio in questo periodo. La loro varietà cromatica, che va dal bianco al giallo, dall'arancio al rosso e al viola, permette di creare decorazioni per verande, balconi e ingressi di casa.

- Nei giardini, sono utilizzati come piante di bordo, nelle aiuole o come esemplari singoli in vaso, abbinati a fogliame verde per dare un contrasto elegante.

3. **Usi nei giardini e spazi esterni**:

- Il crisantemo è un'ottima scelta per i giardini grazie alla sua resistenza e longevità. Nei giardini, può essere utilizzato come pianta per aiuole, o come elemento decorativo che si integra bene con arbusti sempreverdi. È spesso utilizzato nelle bordure per definire spazi, come elemento di contrasto in mezzo a piante verdi e per aggiungere colore durante l'autunno.

Proprietà Medicinali

Il crisantemo non è solo bello: in molte culture, specialmente quella orientale, è utilizzato per le sue proprietà medicinali. I petali e le foglie sono ricchi di composti benefici, come flavonoidi, antiossidanti e oli essenziali che lo rendono utile per diversi trattamenti.

1. **Proprietà antinfiammatorie e antiossidanti**:

   - I crisantemi sono noti per le loro proprietà antinfiammatorie, grazie ai flavonoidi e ai polifenoli contenuti nei petali e nelle foglie. Questi composti naturali sono utili nel contrastare lo stress ossidativo e ridurre l'infiammazione.

2. **Effetti calmanti e rilassanti**:

   - Gli infusi di crisantemo sono spesso utilizzati nella medicina tradizionale cinese per alleviare l'ansia e lo stress, grazie ai suoi effetti rilassanti. Bere un infuso di crisantemo può aiutare a calmare il sistema nervoso, migliorando il sonno e riducendo l'irritabilità.

3. **Benefici per la vista**:

   - Il crisantemo è usato anche per migliorare

la salute degli occhi. I principi attivi presenti nel fiore, come i carotenoidi e la luteina, sono noti per avere effetti positivi sulla vista e possono contribuire a proteggere gli occhi dai danni della luce blu.

4. **Azione depurativa e digestiva**:

- Gli infusi di crisantemo hanno un effetto depurativo, aiutando il fegato a eliminare le tossine. Inoltre, possono favorire la digestione, alleviando gonfiore e indigestione grazie ai loro effetti antispasmodici.

Ricette e Infusi

Il crisantemo è un ingrediente versatile che può essere utilizzato per preparare bevande, infusi e pietanze con proprietà benefiche. La varietà più usata è il **crisantemo cinese** (Chrysanthemum morifolium), i cui fiori sono sicuri per il consumo umano.

1. **Tè al crisantemo**:

   - **Ingredienti**: 1-2 cucchiai di fiori di crisantemo essiccati, 250 ml di acqua calda.

   - **Preparazione**: Aggiungere i fiori essiccati all'acqua calda e lasciarli in infusione per 5-10 minuti. Filtrare e bere l'infuso caldo. Il tè di crisantemo ha un sapore leggero e floreale ed è ottimo per rilassarsi e migliorare la digestione.

2. **Zuppa al crisantemo e funghi**:

   - **Ingredienti**: fiori di crisantemo freschi, funghi shiitake, brodo vegetale, salsa di soia, cipolla verde.

   - **Preparazione**: In una pentola, portare a ebollizione il brodo vegetale. Aggiungere i funghi, i fiori di crisantemo e la salsa di soia e lasciare cuocere per 10 minuti. Guarnire con cipolla verde tagliata sottile prima di servire.

3. **Miele aromatizzato al crisantemo**:

   - **Ingredienti**: miele naturale, petali di crisantemo freschi o essiccati.

- **Preparazione**: Aggiungere i petali di crisantemo al miele e lasciare riposare per 1-2 settimane. Il miele aromatizzato può essere usato per dolcificare tè e infusi, offrendo anche le proprietà benefiche del crisantemo.

Consigli per una Coltivazione Sostenibile

Per chi desidera coltivare crisantemi in modo sostenibile, esistono alcune pratiche che riducono l'impatto ambientale, migliorano la salute della pianta e riducono l'uso di prodotti chimici.

1. **Rotazione delle colture**:

   - La rotazione delle colture riduce il rischio di malattie e parassiti. Evitare di piantare i crisantemi nello stesso terreno per anni consecutivi, alternandoli con piante che migliorano la fertilità del suolo, come legumi e ortaggi.

2. **Utilizzo di fertilizzanti naturali**:

   - I fertilizzanti organici come il compost o il letame maturo sono opzioni più sostenibili rispetto ai fertilizzanti chimici. Questi arricchiscono il suolo senza inquinare l'ambiente e forniscono nutrienti in modo graduale, migliorando la qualità del terreno.

3. **Controllo naturale dei parassiti**:

   - Per limitare l'uso di pesticidi chimici, si può ricorrere a metodi naturali come il sapone insetticida, l'olio di neem e l'introduzione di predatori naturali come le coccinelle, che aiutano a tenere sotto controllo i parassiti.

4. **Raccolta dell'acqua piovana**:

   - L'uso dell'acqua piovana per irrigare i crisantemi è una pratica sostenibile che riduce il consumo di acqua potabile. Le piante di crisantemo, infatti, traggono beneficio dall'acqua piovana, che contiene meno sali e additivi rispetto all'acqua di rubinetto.

Risorse e Letture Consigliate

Per chi vuole approfondire la coltivazione e l'utilizzo del crisantemo, ecco alcune risorse utili:

1. **Libri**:

   - *"The Book of Chrysanthemums"* di David Burrows - Una guida completa alla storia, alla coltivazione e agli usi del crisantemo.

   - *"Chrysanthemum Culture for Amateurs"* di Edwin M. Brett - Un testo di riferimento per giardinieri che vogliono specializzarsi nella coltivazione dei crisantemi.

2. **Siti Web**:

   - **American Chrysanthemum Society** - Offre articoli, risorse e consigli su come coltivare e mantenere i crisantemi in modo professionale.

- **Royal Horticultural Society (RHS)** - Il sito della RHS contiene informazioni dettagliate sulla cura dei crisantemi e su nuove varietà.

3. **Articoli scientifici**:

- *"Chrysanthemum: Medicinal Uses and Antioxidant Properties"* - Un articolo che esplora le proprietà curative del crisantemo e i suoi benefici per la salute.

- *"Environmental Sustainability in Floriculture"* - Approfondisce l'importanza della coltivazione sostenibile nei fiori da taglio, compresi i crisantemi.

Domande Frequenti

**1. Posso coltivare crisantemi in casa tutto

l'anno?**

Sì, è possibile, ma è importante disporre di luce sufficiente, specialmente durante l'inverno. Inoltre, le piante richiedono un ambiente fresco per stimolare la fioritura.

2. I crisantemi possono essere tossici per gli animali domestici?

Sì, i crisantemi contengono sostanze che possono essere tossiche per gatti e cani, causando sintomi come vomito e diarrea se ingeriti.

3. Come posso preservare i crisantemi recisi più a lungo?

Cambiare l'acqua quotidianamente, rimuovere le foglie in eccesso e tagliare il gambo diagonalmente possono aiutare a prolungare la freschezza dei crisantemi recisi.

4. Quali sono le varietà più resistenti per i climi freddi?

Le varietà come i crisantemi coreani e i crisantemi da giardino giapponesi sono più resistenti al freddo rispetto ad altre varietà.

Con questi utilizzi e risorse, il crisantemo può arricchire non solo i giardini e le case, ma anche migliorare il benessere e la salute di chi ne scopre le numerose proprietà.

Glossario del Crisantemo

Ecco un glossario completo con i termini chiave e le definizioni utili per comprendere meglio il crisantemo, le sue varietà, tecniche di coltivazione e utilizzi.

1. Aiuola

Un'area specifica del giardino destinata alla coltivazione di piante ornamentali, spesso organizzata in modo da creare un effetto visivo gradevole. I crisantemi sono spesso piantati in aiuole, in combinazione con altre piante.

2. Antiossidanti

Molecole che aiutano a contrastare i danni causati dai radicali liberi nelle cellule. I crisantemi contengono antiossidanti come i flavonoidi, utili per la salute e il benessere.

3. Bordura

Un tipo di disposizione delle piante nel giardino che crea una linea o un contorno lungo i percorsi o ai bordi di un'aiuola. I crisantemi sono spesso usati come piante di bordura grazie al loro effetto ornamentale.

4. Carotenoidi

Pigmenti naturali presenti in molte piante e fiori, incluso il crisantemo. Hanno proprietà antiossidanti e sono associati a benefici per la vista.

5. Coltivazione Sostenibile

Pratiche agricole e orticole volte a ridurre l'impatto ambientale, conservare le risorse e mantenere la fertilità del suolo. Per i crisantemi, queste tecniche includono l'uso di fertilizzanti organici, la rotazione delle colture e il controllo naturale dei parassiti.

6. Compost

Materiale organico decomposto che può essere aggiunto al terreno per migliorare la sua fertilità. È uno dei fertilizzanti naturali ideali per la coltivazione dei crisantemi.

7. Crisantemo (Chrysanthemum)

Genere di piante fiorite appartenente alla famiglia delle Asteraceae, che comprende numerose specie e varietà, con fiori dai colori vivaci e dalle forme diverse. Sono coltivati sia per scopi ornamentali che medicinali.

8. Crisantemo Cinese (Chrysanthemum morifolium)

Una delle specie di crisantemo più utilizzate per scopi medicinali e per infusi. Questo crisantemo è noto per i suoi benefici per la salute.

9. Crisantemo Giapponese

Specie di crisantemo particolarmente apprezzata in Giappone, dove è simbolo di longevità e buona fortuna. È considerato un fiore nobile e sacro.

10. Essiccazione

Processo per rimuovere l'umidità dai crisantemi, conservandoli per periodi più lunghi. I crisantemi essiccati sono utilizzati per composizioni floreali e per infusi.

11. Fertilizzanti

Sostanze nutrienti aggiunte al terreno per favorire la crescita delle piante. Nel caso dei crisantemi, i fertilizzanti organici come il compost sono preferibili a quelli chimici per una coltivazione sostenibile.

12. Fioritura

Il periodo in cui una pianta produce fiori. La fioritura dei crisantemi avviene generalmente in autunno, anche se alcune varietà possono fiorire in altre stagioni.

13. Flavonoidi

Composti antiossidanti presenti in molte piante, inclusi i crisantemi. Sono noti per le loro proprietà benefiche per la salute, come il supporto al sistema immunitario e la riduzione dell'infiammazione.

14. Fotoperiodo

Il periodo di esposizione alla luce solare di cui una pianta ha bisogno per crescere e fiorire. I crisantemi sono fiori di breve fotoperiodo, poiché la loro fioritura è stimolata dalla riduzione delle ore di luce.

15. Germinazione

Il processo iniziale di sviluppo di una pianta a partire dal seme. I crisantemi possono essere coltivati da seme, ma la germinazione richiede condizioni specifiche di umidità e temperatura.

16. Infuso di Crisantemo

Bevanda a base di fiori di crisantemo essiccati, nota per le sue proprietà calmanti e depurative. È una pratica comune nella medicina tradizionale cinese.

17. Letame

Materiale organico derivato dagli escrementi di animali, utilizzato come fertilizzante naturale per arricchire il terreno di nutrienti. Il letame maturo è utile per migliorare la fertilità del terreno in cui si coltivano i crisantemi.

18. Luteina

Un antiossidante presente nei crisantemi, particolarmente benefico per la salute della vista.

19. Malattie delle Piante

Condizioni causate da funghi, batteri o virus che possono colpire i crisantemi, tra cui la muffa grigia e l'oidio. La prevenzione tramite rotazione delle colture e controllo biologico è essenziale.

20. Olio Essenziale di Crisantemo

Estratto aromatico ottenuto dai crisantemi,
utilizzato per i suoi benefici in aromaterapia e
in cosmetica per le proprietà rilassanti e
antinfiammatorie.

21. Parassiti

Insetti e altri organismi che possono infestare i
crisantemi, come afidi e acari. I metodi
naturali di controllo dei parassiti, come l'uso
di coccinelle e olio di neem, aiutano a
mantenere le piante sane.

22. Petalo

La parte colorata del fiore di crisantemo, che
attira gli impollinatori ed è la parte principale
utilizzata a scopi decorativi e medicinali.

23. pH del Suolo

Misura dell'acidità o alcalinità del terreno. I

crisantemi preferiscono un pH leggermente acido, intorno a 6,0-7,0, per una crescita ottimale.

24. Pianta Annuale

Una pianta che completa il suo ciclo vitale in una sola stagione. Molte varietà di crisantemo coltivate per scopi ornamentali sono annuali.

25. Pianta Perenne

Una pianta che vive per più di due anni, fiorendo stagionalmente. Alcune specie di crisantemo sono perenni e possono durare diversi anni con le cure adeguate.

26. Potatura

Pratica di taglio selettivo delle parti della pianta per stimolare la crescita e migliorare la fioritura. La potatura dei crisantemi è fondamentale per ottenere una forma più compatta e una fioritura abbondante.

27. Propagazione

Processo per ottenere nuove piante dai crisantemi esistenti. La propagazione dei crisantemi può essere fatta tramite talee, semi o divisione dei cespi.

28. Raccolta

Il momento in cui i fiori di crisantemo sono tagliati per l'uso decorativo o per la conservazione. Il periodo di raccolta ideale varia in base alla varietà e alla destinazione d'uso dei fiori.

29. Rotazione delle Colture

Pratica di alternare diverse colture nello stesso terreno per ridurre la proliferazione di parassiti e malattie e migliorare la fertilità del suolo. Per i crisantemi, la rotazione con piante non suscettibili agli stessi patogeni è utile.

30. Semina

L'atto di piantare i semi nel terreno. I

crisantemi possono essere coltivati da seme, ma spesso vengono preferite le piantine o le talee per una crescita più rapida e uniforme.

31. Talea

Una porzione di pianta tagliata per essere utilizzata nella propagazione. Nei crisantemi, le talee di stelo sono spesso usate per creare nuove piante identiche alla pianta madre.

32. Temperatura Ideale

I crisantemi prosperano a temperature fresche, tra i 15°C e i 20°C. Temperature estreme, sia alte che basse, possono compromettere la fioritura e la salute della pianta.

33. Terriccio

Una miscela di terreno preparata appositamente per la coltivazione in vaso. Per i crisantemi coltivati in vaso, il terriccio dovrebbe essere ben drenato e ricco di nutrienti.

34. Trattamento Antiparassitario Naturale

Uso di sostanze non chimiche per combattere i parassiti. Gli oli vegetali come quello di neem o il sapone insetticida sono trattamenti naturali efficaci per proteggere i crisantemi.

35. Umidità del Suolo

La quantità di acqua presente nel terreno. I crisantemi richiedono un'umidità moderata: troppa acqua causa marciume radicale, mentre la carenza di acqua ne limita la crescita.

Indice